每个孩子都应该知道的中华瑰宝

中华瑰宝，世界遗产，博大精深，异彩纷呈，
见证文明的奇迹，启迪后人的智慧。

清华大学建筑学院教授　贾珺

以非遗的魅力，吸引我们的少儿，让他们在探知中国非遗宝藏过程中，
修养情志，开启智慧。

北京师范大学社会学院教授　萧放

《魅力中国·属于我们的宝藏》以图文并茂的形式对中国的遗产中具有
代表性的遗产进行了解说，生动有趣，值得拥有！

西北大学文化遗产学院教授　徐卫民

非遗是我们共同的宝藏。传承我有责，光大我自豪！

华东师范大学社会发展学院教授　徐赣丽

《魅力中国·属于我们的宝藏：中国自然遗产》会带领你欣赏自然之奇美、
感悟自然之妙趣、探究自然之机理！

华东师范大学生态与环境科学学院教授　李德志

图书在版编目（CIP）数据

中国自然遗产 / 海豚传统文化研究院编；海豚插画
研究院绘. — 武汉：长江少年儿童出版社，2023.10
（魅力中国：属于我们的宝藏）
ISBN 978-7-5721-4417-2

Ⅰ．①中… Ⅱ．①海… ②海… Ⅲ．①自然遗产—中
国—儿童读物 Ⅳ．①S759.992-49

中国国家版本馆CIP数据核字(2023)第175938号

ZHONGGUO ZIRAN YICHAN

中国自然遗产

海豚传统文化研究院 / 编
海豚插画研究院 / 绘
责任编辑 / 詹　妍　曹婷婷
封面绘制 / 君　慕
内芯绘制 / 钱　萌　汪杨珊　竹　瓷
装帧设计 / 刘芳苇　美术编辑 / 魏孜子　魏嘉奇
出版发行 / 长江少年儿童出版社
经　　销 / 全国新华书店
印　　刷 / 中华商务联合印刷（广东）有限公司
开　　本 / 889×1194　1 / 12
印　　张 / 4.5
印　　次 / 2023年10月第1版，2024年5月第3次印刷
书　　号 / ISBN 978-7-5721-4417-2
定　　价 / 68.00元

策　　划 / 海豚传媒股份有限公司
网　　址 / www.dolphinmedia.cn　　邮　　箱 / dolphinmedia@vip.163.com
阅读咨询热线 / 027-87677285　　销售热线 / 027-87396603
海豚传媒常年法律顾问 / 上海市锦天城（武汉）律师事务所
张超　林思贵　18607186981

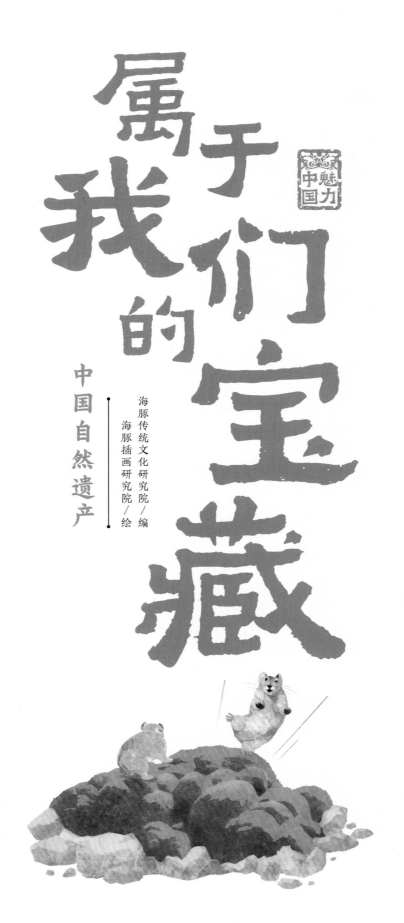

属于我们的宝藏

中国自然遗产

魅力中国

海豚传统文化研究院／编
海豚插画研究院／绘

长江出版传媒 ｜ 长江少年儿童出版社

九寨沟
风景名胜区

九寨沟的由来

数亿年前，九寨沟曾是一片汪洋，在漫长的岁月中，历经多次地壳运动、冰川和流水长期的打磨，最终形成了这处自然美景。因沟内原有九个藏族村寨，故而被称为"九寨沟"。

九寨归来不看水

九寨沟号称"水景之王"。沟内有一百多个大小不一、形状各异的海子（当地人对湖泊的称呼），泉、瀑、河、滩将其连缀一体，这些水体会伴随周围景色和阳光照射角度的变化而变幻出缤纷的色彩。

－所在地－

四川省

景色秀美的三条沟

九寨沟的景观主要分布在呈 Y 字形的 3 条沟内，分别为树正沟、日则沟和则查洼沟。

日则沟

日则沟位于 Y 字形的右支，有天鹅海、五花海、珍珠滩瀑布、诺日朗瀑布等知名景点。诺日朗瀑布在藏语中意为雄伟壮观的瀑布，是迄今为止在中国发现的最宽的瀑布。

诺日朗瀑布

则查洼沟

则查洼沟位于 Y 字形的左支，有季节海、五彩池、长海等自然景观。长海是九寨沟目前已开放的景点中海拔最高、湖面最宽、湖水最深、面积和库容最大的海子。

芦苇海

长海

树正沟

树正沟位于 Y 字形的下支，是九寨沟景区的入口，有老虎海、树正瀑布、火花海、芦苇海、盆景滩等水景奇观。看，芦苇海中间有一条飘逸的水带，传说这条美丽的水带是由九寨沟女山神的腰带变幻而成的。

多样的动植物

九寨沟有丰富的自然生态资源，动植物种类繁多，已超过 2000 种。

国家级保护动物

蓝马鸡

蓝马鸡身上长着蓝灰色的羽毛，下垂的尾羽就像马尾巴，所以被称为蓝马鸡。

 羚 牛

羚牛又叫扭角羚，成年羚牛的角呈扭曲状，其长相奇特，似牛似羊似马，俗称"六不像"。

绿尾虹雉

绿尾虹雉被称为"彩虹鸟""鸟中大熊猫"，是我国特有的珍稀物种。雄鸟的羽毛可多达 10 种颜色，在林中展翅高飞时，就像彩虹一样夺目。

白唇鹿

白唇鹿又称白鼻鹿，是我国特有的珍贵动物，其主要特征是唇的周围和下颌为白色。

珍稀植物——名贵中药

川贝母

川贝母也叫"川贝"，是一种能润肺止咳的中药材。

天 麻

天麻是一种既可以当药材，又可以当食材的植物。天麻作为药材，可以治疗头晕、头痛等；作为食材，可以用来炖汤，比如天麻炖鸡汤。

武陵源风景名胜区

列入世界自然遗产时间
- 1992年 -

令人向往的世外桃源

你知道吗？"武陵源"历来就是世外桃源的代名词，它在无数文人墨客心中留下了不可磨灭的印象——王维写下了"居人共住武陵源，还从物外起田园"，李白写下了"功成拂衣去，归入武陵源"，王安石写下了"归来向人说，疑是武陵源"……

武陵源的核心景区

武陵源的核心景区位于武陵山脉中，由张家界国家森林公园、索溪峪自然保护区、天子山自然保护区、杨家界景区组成。

- 所在地 -

湖南省

奇特的地貌景观

武陵源景色奇丽壮观，3000多座大小不一、高低错落、造型奇异的峰柱举世罕见，置身其中，犹如到了一个神奇的世界。

御笔峰

高耸入云的石峰形如笔杆，传说这是向王天子的御用之笔，故名御笔峰。御笔峰是武陵源石英砂岩峰林地貌（又称张家界地貌）的典型代表。

天下第一桥

神奇的大自然将一座天然石桥横空"架"在两山之间，它被称为"天下第一桥"。

黄龙洞

不同于张家界地貌，黄龙洞是典型的喀斯特岩溶地貌，洞内有数以千计的石笋、石柱等，被称为"世界溶洞全能冠军"。

天桥遗墩

一座座200多米高的椭圆形石柱一字排开，犹如一组"桥墩"。

野生动植物的乐园

武陵源的野生动植物资源非常丰富，被誉为"自然博物馆和天然植物园"。这里不仅生长着银杏、珙桐、白豆杉等稀有珍贵树种，还生活着云豹、金钱豹、猕猴、红嘴相思鸟、黄腹角雉、大鲵等野生动物。

银 杏

红腹锦鸡

褐翅鸦鹃

红嘴相思鸟

猕 猴

黄腹角雉

金鞭溪

金鞭溪是一条天然形成的美丽溪流，因流经金鞭岩而得名。据说即使久旱，它也不会断流。

大 鲵

云南三江并流保护区

列入世界自然遗产时间
- 2003年 -

- 所在地 -
云南省

神奇的三江并流

三江并流指的是金沙江、澜沧江和怒江三条
江在云南省境内自北向南并行奔流 170 多千米，形
成世界上罕见的"江水并流而不交汇"的奇特自
然地理景观。

丰富的生物物种

三江并流保护区被誉为"世界物种基因库"。这里有滇金丝猴、雪豹、红豆杉、秃杉、桫椤等多种珍稀动植物。

多样的地貌景观

三江并流保护区汇集了多种风格迥异的地貌景观。在这里，你可以看到雄伟的高山、深邃的峡谷、繁茂的森林、广阔的草甸、幽静的冰蚀湖泊、壮观的雪峰冰川和险峻的丹霞峰丛等。

三江并流的形成

几千万年前，印度次大陆板块与欧亚大陆板块大碰撞，引发了横断山脉的急剧挤压、隆升、切割，高山与大江交替展布，最终形成了这一自然奇观。

云南三江并流保护区由怒江、澜沧江、金沙江及其流域内的山脉组成，目前主要分为八大片区。

金沙江

金沙江发源于青藏高原的唐古拉山，以水中产沙金而得名。它是长江上游自青海玉树到四川宜宾的一段，最终在上海汇入东海。

高黎贡山片区

白马－梅里雪山片区

红山片区

老窝山片区

千湖山片区

哈巴雪山片区

老君山片区

云岭片区

怒　江

怒江发源于青藏高原的唐古拉山，入云南省折向南流，流入缅甸后称萨尔温江，最终汇入印度洋。

澜沧江

澜沧江发源于青藏高原的唐古拉山，流经青海、西藏和云南，流出国境后称湄公河，最终汇入南海。

片区

三江

梅里雪山

梅里雪山被誉为"世界最美之山"，其主峰卡瓦格博峰海拔 6740 米，是云南第一高峰。

寒武纪大爆发

　　5亿多年前，地球上的海洋生物突然大量出现，被称为"寒武纪大爆发"，成为生命演化史上的一个巨大谜团。而澄江化石地是寒武纪生命大爆发事件真实存在的重要实证，为研究地球早期生命起源和演化提供了极为宝贵的科学依据。

寒武纪海洋霸主

　　寒武纪的海洋动物大多只有几毫米到十几厘米，有种长相奇特、攻击能力很强的食肉动物名叫奇虾，它比其他动物大得多，其成年个体的长度最大可达2米以上，被称为寒武纪海洋霸主。

27

珍贵的化石宝库

澄江化石地是目前世界上发现的分布最集中、保存最完整、种类最丰富的早寒武纪地球生命现象的遗迹，是迄今为止中国首个、亚洲唯一的化石类自然遗产。它被联合国教科文组织评价为"代表了化石遗迹保存的最高质量"。澄江化石不仅保存了生物的骨骼，还保存了其软躯体部分的细节构造，因而对于古生物研究具有更为重要的意义。

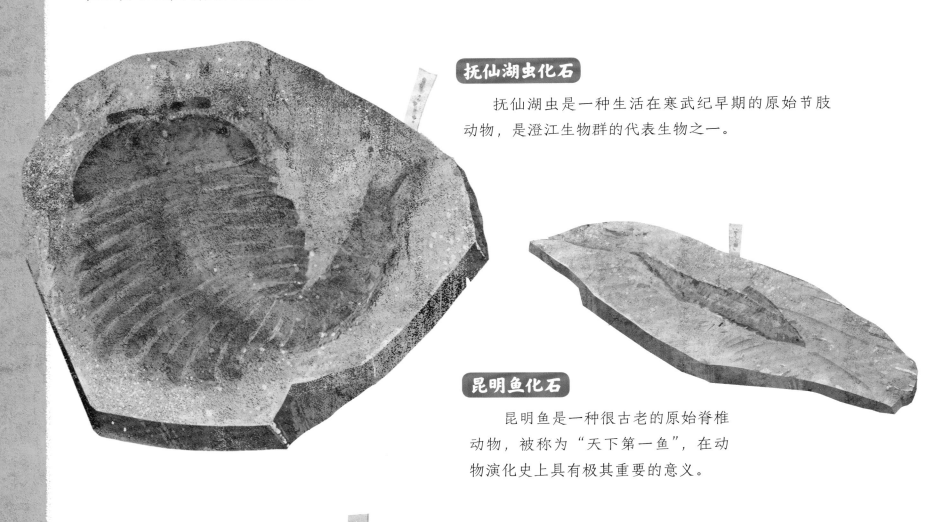

抚仙湖虫化石

抚仙湖虫是一种生活在寒武纪早期的原始节肢动物，是澄江生物群的代表生物之一。

昆明鱼化石

昆明鱼是一种很古老的原始脊椎动物，被称为"天下第一鱼"，在动物演化史上具有极其重要的意义。

章氏麒麟虾化石

章氏麒麟虾组合了真节肢动物和节肢动物祖先类型的形态构造，是一种罕见的"嵌合动物"，它架起了从奇虾演化到真节肢动物的中间桥梁，是解答"节肢动物起源之谜"的关键过渡型物种。

长尾纳罗虫化石

长尾纳罗虫是澄江生物群中常见的节肢动物之一。1984年侯先光发现澄江生物群时最早发现的就是纳罗虫化石，也是澄江生物群首先报道的物种。

中华微网虫化石

中华微网虫是澄江生物群的代表生物之一，它的身体两侧具有9对网状骨板，被称为"九眼精灵"。

三叶虫化石

三叶虫是一种节肢动物，种类繁多，因其背壳纵分为三部分（即一个中轴和两个肋叶）而得名。

怪诞虫化石

怪诞虫看起来像一条长了刺的蠕虫，其化石目前仅发现于加拿大布尔吉斯页岩和我国云南澄江帽天山页岩段。

新疆天山

列入世界自然遗产时间
- 2013年 -

天 山

　　天山位于亚洲内陆中部，是世界七大山系之一，也是世界上距离海洋最远的山系和全球干旱地区最大的山系，主峰托木尔峰海拔7400余米。

- 所在地 -
新疆维吾尔
自治区

新疆天山

新疆天山属于天山山脉的东段，占天山总长度 2/3 以上，其自然遗产地主要分为 4 个片区，即托木尔、喀拉峻－库尔德宁、巴音布鲁克和博格达。

独特的自然美

新疆天山不仅拥有壮观的雪山冰峰、优美的森林草甸、清澈的河流湖泊和宏伟的红层峡谷等丰富的自然景观，还将反差巨大的炎热与寒冷、干旱与湿润、荒凉与秀美等奇妙地汇集在一起，展现了非同寻常的自然美。

南北坡差异明显

新疆天山北坡的降水多于南坡，植被生长条件优于南坡，南北坡景观差异较为明显。例如，我们在南坡看到的是雪山、红层峡谷、荒漠等景观，而在北坡看到的是雪山、高山草甸、森林、草原等景观。

特色动植物

新疆天山是全球生物多样性关键区域之一，这里孕育了丰富的生物种类，成为众多珍稀濒危物种、特有种的重要栖息地。

肉苁蓉

肉苁蓉常寄生在别的植物的根上，药用价值较高，有"沙漠人参"之称。

火绒草

火绒草茎叶上的白色密绵毛犹如一层薄雪，又称薄雪草。

北山羊

北山羊是世界上栖居位置最高的哺乳动物之一，其雄性头上有两个像弯刀一样的角，看上去威风凛凛。

雪 莲

雪莲又称雪莲花，其形似莲花，多生长于高山积雪岩缝中。

雪 豹

雪豹身上布满黑色斑点和黑环，因常在雪线附近和雪地间活动而得名，被称为"雪山之王"。

猞 猁

猞猁外形像猫，耳尖有毛簇，行动敏捷，善于爬树。

湖北神农架

列入世界自然遗产时间

- 2016年 -

（神农架国家级自然保护区）

扩展世界自然遗产时间

- 2021年 -

（五里坡国家级自然保护区）

华中屋脊

神农架平均海拔约 1700 米，山峰多在 1500
米以上，其中海拔 2500 米以上的山峰 20 多座，
最高峰神农顶海拔 3100 多米，是华中第一峰，
神农架因此有"华中屋脊"之称。

- 所在地 -

湖北省、
重庆市

相传神农氏（我国古代传说中农业与医药的发明者）
曾在此架木为梯、采尝百草、救民济世。为了纪念神农氏，
这里就被叫作"神农架"。

天然的地质博物馆

　　复杂的地质构造运动和漫长的地壳变迁历史，在神农架留下了多种珍贵的地质遗迹。这里拥有独特的前寒武系地层、典型的断穹构造、第四纪冰川遗迹等，构成了一座天然的地质博物馆。

显著的立体气候

　　独特的地理环境让神农架形成了明显的立体气候，"东边日出西边雨""六月雪，十月霜""一山有四季，十里不同天"等现象在此常有发生。这种多层次、多类型、复杂的立体气候孕育出多样性的植被类型和丰富的动植物资源。

神农祭坛

神农祭坛的主体建筑是神农巨型牛首人身雕像。这座雕像高 21 米，宽 35 米，立于苍翠群山之间，是为纪念神农氏而建。

中华药库

神农架得天独厚的环境让这里拥有丰富的中草药资源，品种达 2000 多种，被誉为"中华药库"。

延龄草

延龄草又称头顶一颗珠，其根茎可入药，具有活血、止血、镇痛、镇静、解毒等功效。

南方山荷叶

南方山荷叶是多年生草本植物，俗名江边一碗水，它的根茎和须根可供药用，主治跌打损伤、风湿性关节炎、腰腿疼痛等。

简鞘蛇菰

传说周文王曾用简鞘蛇菰当笔批阅公文，因此它被称为"文王一支笔"。它可以止血、镇痛和消炎。

蚤休

蚤休的叶子多为 7 片，顶端开出一朵花，因而被称为"七叶一枝花"。它可以清热解毒、消肿止痛。

青荚叶

青荚叶的果实长在叶面上，因此也叫"叶上珠"。它可以清热、解毒、活血、消肿。

绿色宝地

神农架拥有我国中部地区最大的原始森林，是很多稀有、濒危和特有物种的天堂。

珙 桐

珙桐是著名的"植物活化石"，花形酷似展翅飞翔的白鸽。

小勾儿茶

小勾儿茶是一种濒危植物，是国家二级重点保护野生植物。

巴山冷杉

巴山冷杉是我国特有物种，在神农架地区广泛分布。

"野人"之谜

关于神农架"野人"的传说由来已久，至今仍有许多人在追寻"野人"的足迹，但截至目前，"野人"是否真的存在依然是个谜。

神奇的白化动物

神农架是我国白化动物最多的地区之一，白化动物种类丰富，有白熊、白雕、白猴、白獐、白麂（jǐ）、白松鼠等。

青海可可西里

列入世界自然遗产时间

2017年

广袤而神奇的土地

在青海，有这么一片土地，广袤而神奇，美得让人惊叹，这就是可可西里。可可西里是我国目前面积最大、海拔最高的世界自然遗产地。

- 所在地 -
青海省

固体水库

　　因为海拔较高，气候寒冷，可可西里冰川林立，冰储量约810亿立方米。而且，这里还处于多年冻土地带，有着很厚的冻土层，因此，可可西里是一个巨大的固体水库。

人类的禁区

　　可可西里气候严酷，高寒缺氧，淡水稀少，人类在这里无法长期生存，因此可可西里也被称为"生命的禁区"。

动物天堂

可可西里人迹罕至，因此即使生存环境很恶劣，却仍然成了动物们的天堂。这里拥有 200 多种野生动物，是藏羚羊、野牦牛、藏野驴、白唇鹿等珍稀野生动物的栖息地。

猎隼

猎隼又称猎鹰、兔虎，主要以小型鸟类、野兔、鼠类、蛙类等动物为食。它性格凶猛，飞行速度非常快，善于在飞行中追捕猎物。

藏羚羊

藏羚羊被称为"高原精灵""可可西里的骄傲"。雄性有长长的尖角，可以用于防御，雌性没有角。

野牦牛

野牦牛的身上长着浓密的长毛，可以帮助其抵御严寒。它们的舌头上还长有肉齿，可以轻松地舔食硬硬的垫状植物。

藏原羚

藏原羚最醒目的标志就是它的"爱心白屁股"。有动物学家分析，藏原羚的屁股之所以是白色的，是因为它在高原上奔跑时，白屁股能形成刺眼的反射光，晃花天敌的眼睛，从而借机逃脱。

垫状植物

由于可可西里处于低温、干旱和大风的环境，所以这里生活的植物大多长得像一个半球形，这就是垫状植物。它们长得非常密集，而且个头矮小，有利于抵御低温和大风。

雪灵芝

雪灵芝是世界上海拔最高的绿色开花植物。

垫状点地梅

星星点点的小梅花点缀在表面，就像从草垫子上冒出的梅花。

高原鼠兔

高原鼠兔是一种既像兔子又像老鼠的小动物。它的个头娇小，全身毛茸茸的，还有一对圆圆的耳朵。

簇生柔子草

簇生柔子草常形成一个个高约20厘米、直径约30厘米的垫状体，就像一个个倒扣的绿色碗盆。

宝藏
会"说话"

哇！我们中国的自然遗产可真多真精彩啊！小朋友们，是不是感觉看得意犹未尽呢？别着急，我们在这里还为大家准备了一份更精彩的压轴大戏——介绍**中国南方喀斯特**的视频。

在生动有趣的视频中，我们的自然遗产将以更为生动、直观的方式呈现出来。让我们一起在这场自然遗产的盛宴中，尽情感受祖国山河的秀丽和神奇。

小朋友们，让我们携手，共同致力于这些自然遗产的保护，为实现人与自然的和谐共生而奋斗吧！

扫码探寻

中国南方喀斯特

条形码扫描器

哔哔……哔哔……哔哔……结账啦!

条形码扫描器正忙着读取商品信息。那么,你知道它是如何工作的吗?

1

太棒了!你终于找到了一条完美的牛仔裤。你把它拿到收银台,交给售货员结账。和店里的其他商品一样,这条牛仔裤也有属于自己的条形码。

2

售货员会使用一种叫作条形码扫描器的机器,用它发出的光线照射条形码。条形码上的白色条纹会反射光线,黑色则不会。扫描器内的传感器能检测到反射光,并产生相应的电信号。

3

接下来,扫描器内部的电路会将电信号转换成电脑语言,然后把它发送给电脑。电脑将它识别出来,并与对应的商品相匹配,从而显示出商品的名称、售价、存量等。哇,你抢到了最后一条牛仔裤,干得漂亮!

什么是条形码?

无论是牙膏还是巧克力,商店里售卖的大多数商品都有自己独一无二的条形码。通过条形码、条形码扫描器和电脑,店家就能很轻松地掌握商品的销售情况啦。

条形码是由一系列数字组成的,但是这些数字很容易混淆,比如要是把"6"倒过来就变成了"9"。所以,条形码上的数字以代码的形式呈现。代码就是给每个数字 7 个随机排列的黑白条纹。

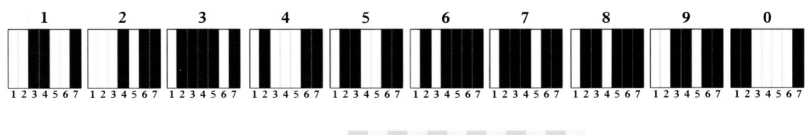

把这些代码按照一定的编码规则组合在一起就是条形码。

汽车
如何发动和停车

目前，全世界大约有 14 亿辆汽车在路上行驶。几乎所有的汽车发动机都是内燃机。接下来，我们就来看看汽车究竟是如何发动和停车的吧（注意，停车是件非常重要的事）。

内燃机

这个名字听上去似乎有点儿奇怪，也有点儿复杂，但其实也挺好理解的。内燃机，顾名思义，就是燃料在发动机内部燃烧。而外燃机则正好相反——燃料在发动机外部燃烧。蒸汽火车使用的就是外燃机（详情请见第 26 页）。

发动机

点火开关

油箱

电池

变速器

车轴

1

要想发动汽车，司机通常需要先把车钥匙插入钥匙孔里，这个钥匙孔就是点火开关。轻轻转动钥匙，电路就接通啦！

2

随后，电流从电池流向起动机。起动机便会带动飞轮，飞轮又会带动曲轴。

活塞

车轮

起动机

3

曲轴的转动促使发动机里的活塞开始运动。一旦活塞开始运动，它们就会启动引擎，同时继续做上下往复运动。

车轴

曲轴

飞轮

变速器

变速器又叫齿轮箱，上面有齿轮（就像第 29 页的自行车齿轮那样），司机可以用这个装置来控制汽车的动力和车速。

4

活塞的上下往复运动进一步带动曲轴，而曲轴与变速器相连。变速器会将曲轴的旋转运动传递到车轴上，车轴转动车轮。接着，我们就出发了！

活塞

等一下，等一下! 活塞为什么能不停地运动呢?

1

当汽车启动时，转动的曲轴会拉动活塞向下移动。同时进气门打开，油箱里的燃料与空气混合，进入气缸（活塞所在的管子）里。

2

当活塞向上移动时，进气门关闭，燃料和空气的混合物就被压缩到一个很小的空间里。

3

当火花塞点燃混合物后，混合物猛烈地爆炸燃烧，瞬间产生的能量推动活塞向下运动。

4

当活塞再次向上移动时，排气门打开，所有的废气都被排了出去。然后又开始新一轮的循环，每次爆炸都会使活塞产生运动。

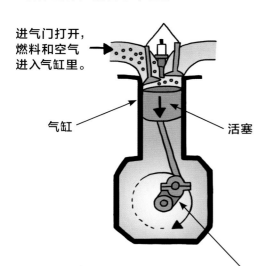

进气门打开，燃料和空气进入气缸里。

气缸
活塞
曲轴

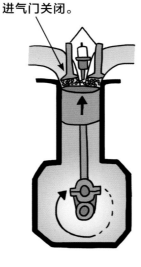

进气门关闭。

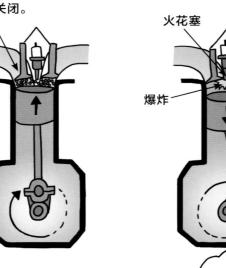

火花塞
爆炸

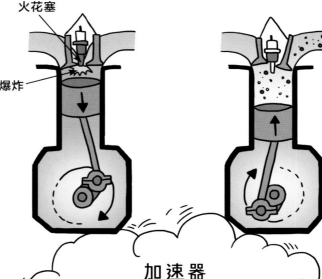

排气门打开，排出废气。

加速器

司机在开车时，如果想加速的话，就需要踩油门踏板。当油门踏板被踩下后，会有更多空气进入气缸里，相应地，就会消耗更多的燃料，产生更多的爆炸，从而使活塞移动得更快。

踩下刹车!

为了使汽车减速或停下，司机需要用脚踩刹车踏板。其实，汽车刹车跟自行车刹车是非常像的（详情请见第 29 页）。

 啊，前面有一群奶牛! 司机赶紧踩刹车踏板，从而推动推杆。

 这时，在汽车内部，推杆推动主缸活塞，从而将制动液推进狭窄的管道。

 制动液到达轮缸活塞，活塞继续推动靠近它这一面的刹车片，使两个刹车片与制动盘产生摩擦。

 刹车片和制动盘之间的摩擦会让车轮减速，汽车终于停下来了。太好了，奶牛安全了!

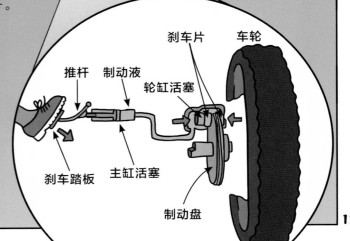

刹车片
车轮
推杆
制动液
轮缸活塞
刹车踏板
主缸活塞
制动盘

飞机
从机翼到发动机

当你坐上飞机，飞往一个想去的地方时，你可能觉得这再正常不过了。但是，这种笨重的机器竟然能像鸟儿一样在空中飞行，这难道不令人惊讶吗？发动机使飞机向前飞，机翼使飞机往上飞。一起来瞧瞧，飞机到底是怎么运转的吧！

垂直尾翼

舱顶储物箱

水平尾翼

机身

行李舱

副翼
副翼上下移动，可以使飞机左右转弯哦。

紧急出口

发动机
大型飞机有四个发动机。

机翼

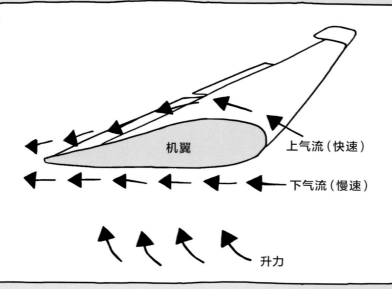

机翼

上气流（快速）

下气流（慢速）

升力

飞机上的发动机能让它高速前进，这使得空气在机翼的上下表面迅速流动。机翼的形状比较特别——上面是流线型，下面是直线型，这样的设计使机翼上面的空气比下面的空气流动得更快，从而导致上面的空气压强比下面小，这样就产生了升力，推动飞机升到空中。机翼上的斜角把空气往下推，也产生了升力。

机翼

发动机

1

飞机使用喷气发动机，通过风扇将空气吸入发动机里。

2

旋转的叶片（称为压缩机）把空气压入越来越小的空间，使空气产生极高的压力。

3

这种高温、高压的空气抵达燃烧室后，与燃料混合，火花随即将它们点燃。

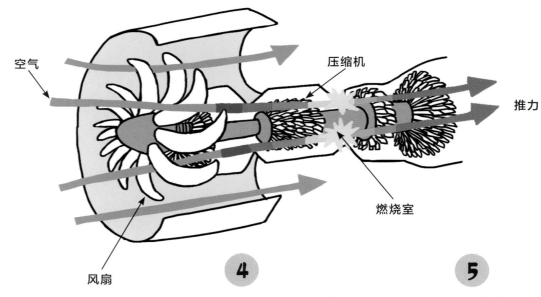

空气

压缩机

推力

燃烧室

风扇

驾驶舱

驾驶员和副驾驶员就是坐在驾驶舱里操纵这里的控制装置来驾驶飞机的。

4

燃烧的混合物迅速膨胀，然后从发动机后部喷出。

5

这种向后爆炸的力推动飞机向前，这个力就叫作推力。

穿越海洋，潜入海底的机械

气垫船和潜艇

我们都知道，船可以在海上航行。但你知道吗，有些神奇的机械还能在海面和海底快速移动，比如，气垫船能在海面上快速滑行，而潜水艇能潜入海底几百米。

气垫船

气垫船看起来像是在水上航行，但实际上它却是在空中滑翔。这究竟是怎么一回事呢？快来瞧瞧吧！

推进风扇

风扇旋转，将空气向后排出，使气垫船向前移动。

风扇

空气向下，吹入用结实的厚橡胶做成的围裙，形成了一个气垫。

1

大而有力的风扇向下吹风，让空气穿过气垫船。

2

气垫船下方的围裙将空气截住，形成了一个巨大的气垫。气垫推动气垫船离开水面，从而减少了气垫船和水之间的摩擦，使气垫船移动起来更轻松。

3

气垫船后部的风扇向后吹气，使它向前移动。它的原理就像你吹起一个气球，然后松开手，气球就会飞走一样——气球排出的气推动它飞走了。

摩擦力

当两个相互接触的物体表面存在相对运动时，就会产生摩擦力。摩擦力越大，物体运动速度越慢，难度也越大。冰面的摩擦力小，所以你能轻松地在冰面上移动，甚至因摩擦力太小而滑倒。

潜艇

如果一个物体的密度比水小，它就会浮在水面上，如果比水大，就会沉入水底。潜艇正是通过改变自身重量，来调节整体密度，从而控制潜艇浮出海面或潜入海底。

啊！妖怪！

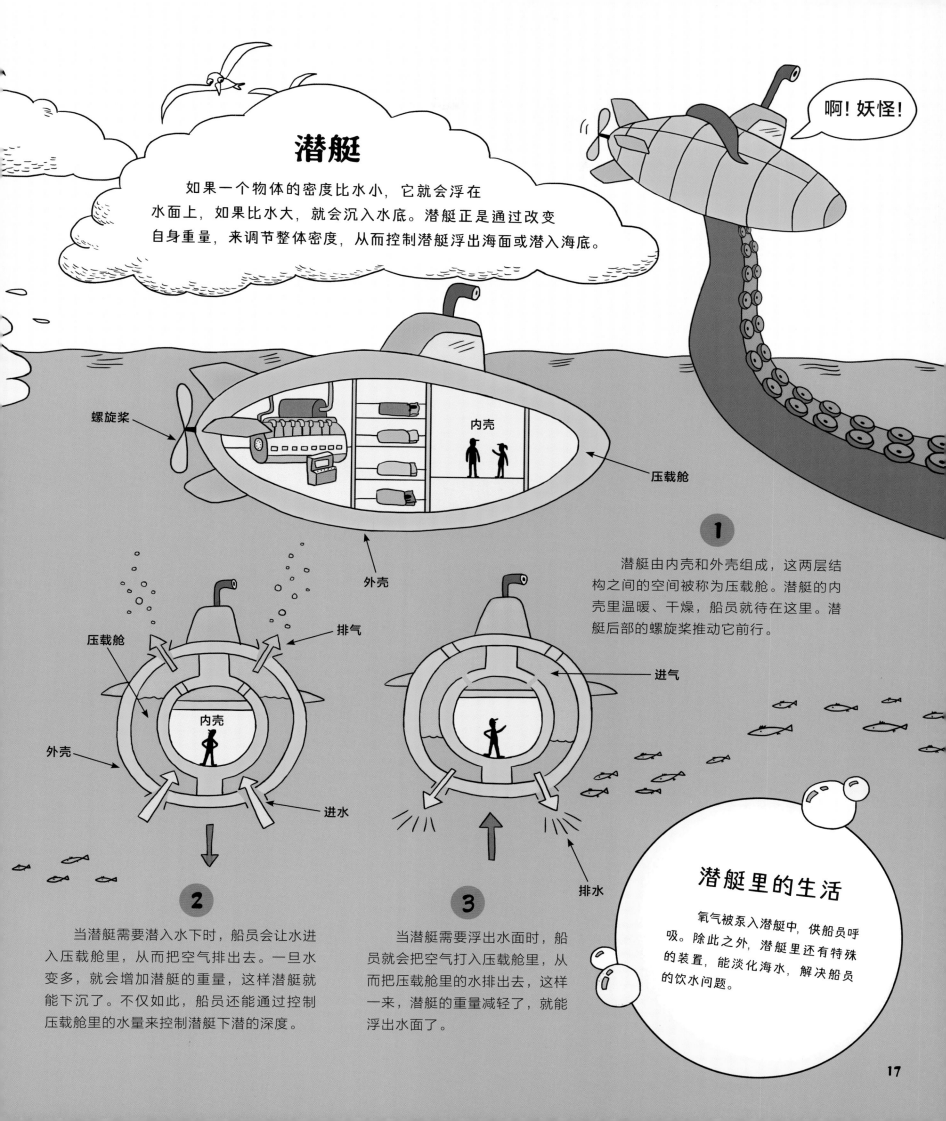

螺旋桨

内壳

外壳

压载舱

1

潜艇由内壳和外壳组成，这两层结构之间的空间被称为压载舱。潜艇的内壳里温暖、干燥，船员就待在这里。潜艇后部的螺旋桨推动它前行。

压载舱

排气

外壳

内壳

进水

进气

排水

2

当潜艇需要潜入水下时，船员会让水进入压载舱里，从而把空气排出去。一旦水变多，就会增加潜艇的重量，这样潜艇就能下沉了。不仅如此，船员还能通过控制压载舱里的水量来控制潜艇下潜的深度。

3

当潜艇需要浮出水面时，船员就会把空气打入压载舱里，从而把压载舱里的水排出去，这样一来，潜艇的重量减轻了，就能浮出水面了。

潜艇里的生活

氧气被泵入潜艇中，供船员呼吸。除此之外，潜艇里还有特殊的装置，能淡化海水，解决船员的饮水问题。

转动的机械
风力涡轮机和潮汐涡轮机

化石燃料（煤、石油和天然气）的过度使用会对环境造成严重污染，而且终有一天会被耗尽。于是，科学家和工程师们开始研发一些新的机械，这类机械能利用取之不竭的清洁能源发电，比如风能、潮汐能。于是，涡轮机就这样诞生啦！

风力涡轮机

这些巨大的机械利用永不枯竭的风力发电！而且，风力涡轮机更加绿色环保哦。来吧，让我们了解一下这些能拯救地球的机械吧！

风力涡轮机通常建在地势高且平坦的地方，有些甚至建在海上。因为这些地方很开阔，没有高大的建筑物或山丘阻挡，不会减缓风力。这样一来，涡轮机就可以面对更强劲的风力，产生更多的电力。

潮汐涡轮机

这些涡轮机就像水下风车，但它们不是利用风力发电，而是利用潮汐运动来发电。

潮汐涡轮机建在水下，并被固定在海床上。潮汐引起的水的自然运动使叶片旋转并产生电力。

潮汐涡轮机

水

洋流

海床

大多数风力涡轮机的高度都超过90米。之所以要修这么高，是因为风速会随高度的增加而增大。例如，在37米高的地方，其风速是地面上的两倍。风速越快，涡轮机的叶片转得越快，产生的电能也就越多。

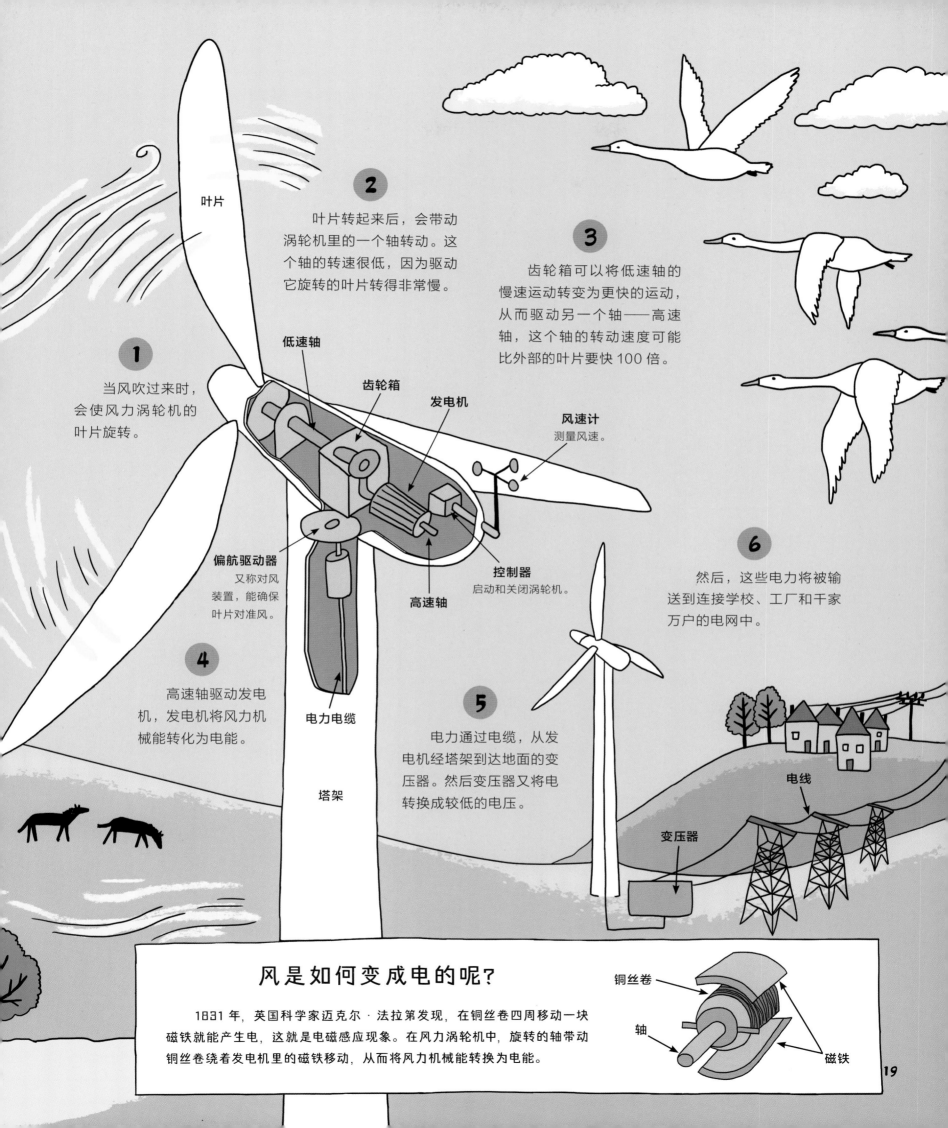

2 叶片转起来后，会带动涡轮机里的一个轴转动。这个轴的转速很低，因为驱动它旋转的叶片转得非常慢。

3 齿轮箱可以将低速轴的慢速运动转变为更快的运动，从而驱动另一个轴——高速轴，这个轴的转动速度可能比外部的叶片要快 100 倍。

叶片

1 当风吹过来时，会使风力涡轮机的叶片旋转。

低速轴

齿轮箱

发电机

风速计
测量风速。

偏航驱动器
又称对风装置，能确保叶片对准风。

控制器
启动和关闭涡轮机。

高速轴

6 然后，这些电力将被输送到连接学校、工厂和千家万户的电网中。

4 高速轴驱动发电机，发电机将风力机械能转化为电能。

电力电缆

塔架

5 电力通过电缆，从发电机经塔架到达地面的变压器。然后变压器又将电转换成较低的电压。

电线

变压器

风是如何变成电的呢？

1831 年，英国科学家迈克尔·法拉第发现，在铜丝卷四周移动一块磁铁就能产生电，这就是电磁感应现象。在风力涡轮机中，旋转的轴带动铜丝卷绕着发电机里的磁铁移动，从而将风力机械能转换为电能。

铜丝卷

轴

磁铁

19

测量机械
温度计和天平秤

我们每天都会用各种机械进行测量，比如，通过温度计，我们就能知道今天是否需要穿暖和些；做蛋糕时，则需要用天平秤给配料称重才能做出合适的口味。这些机械在生活中都很有用，但你知道它们是怎样工作的吗？

液体温度计

你知道吗？这种简单的温度计已经有 300 多年的历史了。

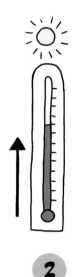
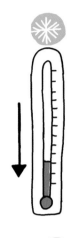

1

早上醒来后，你想知道外面的气候如何，就看了看温度计上的温度。这个温度计是一个玻璃管，里面装满了液体。这种液体通常是水银，一种液态金属。

2

水银遇热会膨胀变大。所以当气温变暖时，温度计里的水银柱就会慢慢上升，这样我们就能从温度计上的刻度知道气温是多少度了。

3

水银遇冷会收缩变小。所以当气温降低时，温度计里的水银柱就会慢慢降低。好冷啊，看来今天不宜在室外烧烤！

丹尼尔·加布里埃尔·华伦海特（1686—1736）和安德斯·摄尔修斯（1701—1744）

丹尼尔·加布里埃尔·华伦海特是一位德国物理学家，他在 1714 年发明了历史上第一支水银温度计。10 年后，他向世人宣布了他制定的温标，该温标以他的名字命名为华氏温标，美国至今还在使用这种温标。按华氏温标的规定，水的冰点是 32°F，沸点是 212°F。

不过，华氏温标并非唯一的温标。1742 年，在华氏温标诞生 20 年后，瑞典天文学家安德斯·摄尔修斯提出了另一种温标——摄氏温标。按摄氏温标的规定，水的冰点是 0℃，沸点是 100℃。如今，世界上大多数国家都在使用摄氏温标。

华伦海特

摄尔修斯

天平秤

这种简单的称重机历史十分悠久，可以追溯到古埃及时期。

1

你想知道三个苹果究竟有多重吗？那就把它们放在天平秤一端的托盘里吧！

2

接下来，把砝码放到天平秤另一端的托盘里，不停地加减砝码，直到天平秤两端达到平衡。

3

要算出这三个苹果的重量，你只需要用数学知识把砝码的重量加起来就可以了，这非常简单！

电子温度计

当你生病时，你可能会用到电子温度计。

1

电子温度计的工作原理是：金属温度越高，导电能力越差。因此，当你把电子温度计的金属头放在舌头下面时，金属头温度升高，流经此处的电流就会发生变化。

2

电子温度计里的芯片会记录下流经金属头的电流，并把它转化为显示屏上的温度读数。瞧，屏幕显示为 38℃，这说明你正在发烧，需要卧床休息了。

那些让我们看得更清楚的机械

X光机和显微镜

我们的眼睛能让我们看见周围的世界，无论远近。但只靠眼睛，我们无法看穿固体的内部结构，也看不到那些比针孔还小的东西。幸好，X光机和显微镜能帮助我们解决这个问题。

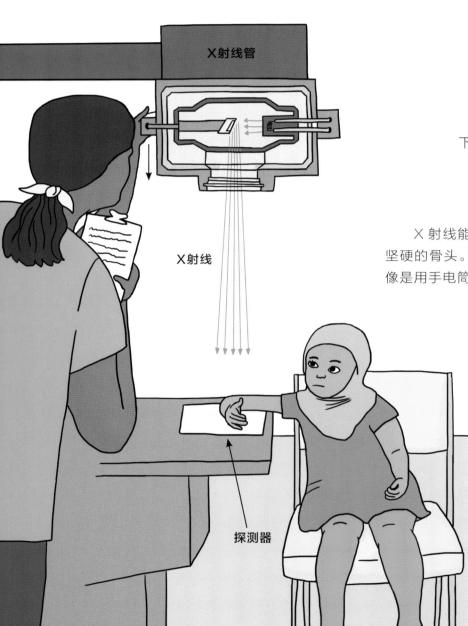

X射线管

X射线

探测器

1

X光机正对着萨拉的手臂。医生按下按钮，X光机便发出X射线。

2

X射线能穿过萨拉手臂上柔软的皮肤和肌肉，但不能穿过坚硬的骨头。骨头挡住了X射线，在另一侧投下了阴影。这就像是用手电筒照手，会在手背后面留下影子一样。

3

在萨拉手臂的另一侧，探测器会根据接收到的信息生成一个图像。

4

探测器与电脑相连。在电脑屏幕上，柔软的皮肤和肌肉显示为黑色或灰色区域，坚硬的骨头则呈白色，医生能从图上看出骨头是否真的出现了问题。唉，可怜的萨拉，她的胳膊还真的骨折了！

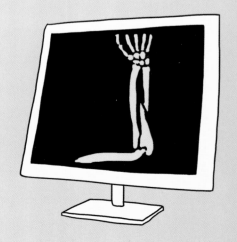

显微镜

你用过显微镜吗?显微镜能让你看到一些肉眼看不到的东西。通过显微镜,我们能仔细观察那些微小的物体、昆虫,甚至你自己的皮肤。科学家则利用显微镜来研究细胞,研发药物和电子材料,等等。接下来,让我们一起来瞧瞧,显微镜是如何工作的吧!

1 让我们以观察蒲公英种子为例,来看看如何使用显微镜吧。首先,我们把蒲公英种子放在载玻片上,载玻片的下方有照射器。

2 然后,我们通过目镜来观察蒲公英种子。

3 光线从蒲公英种子的下方穿过物镜。物镜是一块表面弯曲光滑的玻璃,叫凸透镜。凸透镜能放大物体,使物体看起来比实际情况要大得多。

4 然后,光线通过镜筒进入目镜,目镜就像普通放大镜,能把蒲公英种子再放大一次。这样,我们就能更清楚地看清微小的蒲公英种子了。

目镜

物镜

放有蒲公英种子的载玻片

照射器

显微镜的镜头是如何放大物体的呢?

当光线穿过凸透镜时,从侧面穿过的光线要比从中心穿过的光线弯曲得更多,从而使光线扩散开来,放大物体。

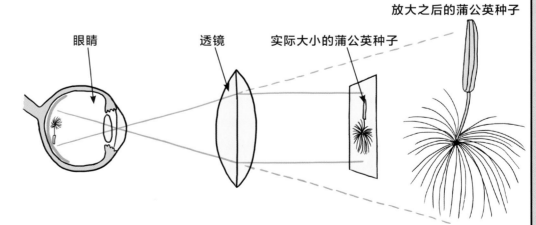

眼睛　　　透镜　　　实际大小的蒲公英种子　　　放大之后的蒲公英种子

那些和声音有关的机械

麦克风、扬声器和手机

哪怕相距很远的距离，麦克风和手机也能让我们听到别人在说什么或是唱什么。这是因为，它们将声波转化成了电信号，而电信号能进行远距离传播。

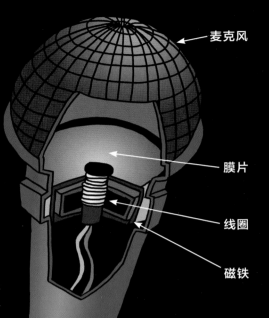

麦克风

膜片

线圈

磁铁

麦克风和扬声器

歌手演唱时会使用麦克风和扬声器，这样观众就能听到响亮、清晰的歌声了。那么，这些机械是如何发挥作用的呢？

② 声波进入麦克风，并使麦克风中的膜片随着声波的移动而振动。

③ 当膜片振动时，在膜片下方的线圈和磁铁也会随之振动。当磁铁向导线移动时，导线就带电了。这种振动产生的电信号，也会像声波一样运动。

① 今晚是卡拉OK之夜，现在轮到你爸爸上台表演了。他高歌一曲，高亢响亮的歌声通过空气传播，使空气振动，产生了声波。

④ 电信号从麦克风传到扩音器。扩音器增加电压（即电力），使电信号变得更强。

扩音器

⑤ 接下来，电信号传到扬声器，扬声器再把电信号转换成声波，然后用更大的声音放出来。这样，即便身处熙熙攘攘的人群，你也能听得清清楚楚。

扬声器

手机

拿起手机，你不仅能轻松地跟朋友交谈，还可以和全国各地的亲戚通话，甚至是给地球另一端的爷爷打电话。你的声音是如何传到他们手机上的？声音又为什么能传得那么快呢？

2

手机里的微芯片将电信号转换成数字代码，这些数字代码由一系列数字组成。然后再由天线将这些数字代码以无线电波的形式发射出去，并传到距离你最近的手机发射塔。

手机发射塔

1

假如你正在给住在另一个城市的表姐打电话，你的声波传到麦克风里，然后被转化为相应的电信号。

3

手机发射塔接收到信号，并将其传送到基站。

4

基站与移动电话交换局（即MTSO）相连。MTSO 是连接各地基站的大型计算机，它能以最快的速度发出你拨打电话的信息，并将信息传回基站。

基站

5

一个基站的功率不足以将无线电波发送到全国各地。因此，需要通过一系列组合基站来发送无线电波（每个组合至少要包含一个手机发射塔和一个基站），直到无线电波到达离你表姐最近的发射塔为止。

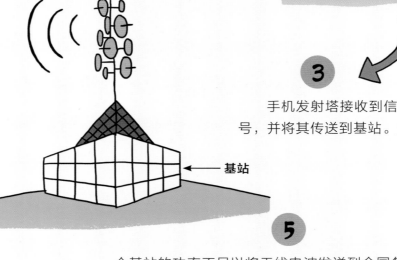

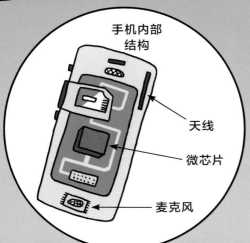

手机内部结构

天线

微芯片

麦克风

6

当无线电波传到你表姐的手机上时，手机的扬声器就像一个反向的麦克风，把数字信号变成声音，这样一来，你和表姐就能交流了！

火车
从蒸汽火车到电力火车

人们开车时，可以选择自己想走的路线，但火车司机可不行，他们必须让火车沿着轨道行驶。火车获得动力的方式有很多种。过去的火车主要靠蒸汽动力驱动，但现在的火车大多靠电力运行。

蒸汽火车

19 世纪，第一代蒸汽火车诞生了！这些火车改变了人们的运输方式。它们的时速可达 100 千米 / 小时，这在当时可以说是前所未有的，而且这些火车都是靠蒸汽驱动的。

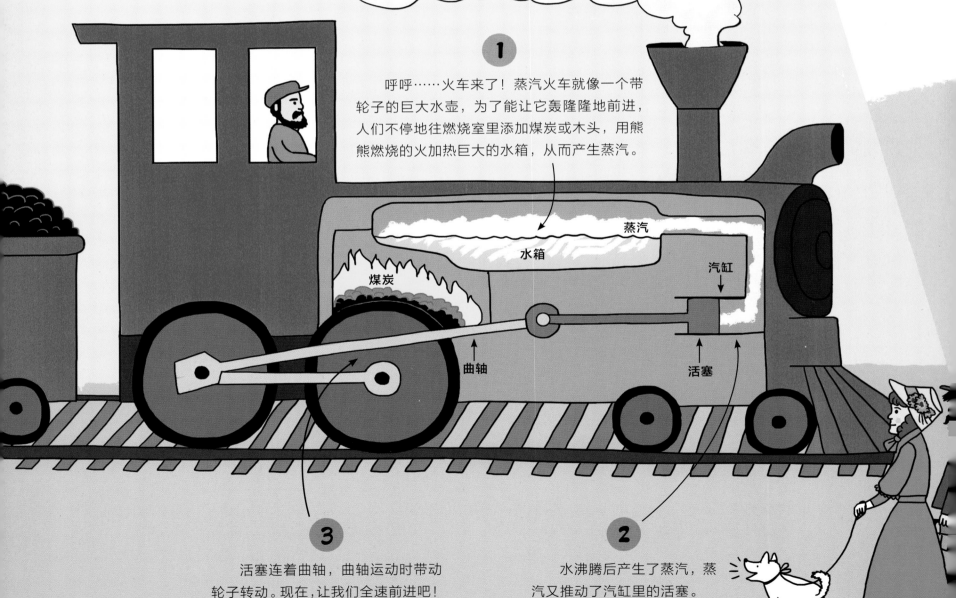

1

呼呼……火车来了！蒸汽火车就像一个带轮子的巨大水壶，为了能让它轰隆隆地前进，人们不停地往燃烧室里添加煤炭或木头，用熊熊燃烧的火加热巨大的水箱，从而产生蒸汽。

蒸汽

水箱

汽缸

煤炭

曲轴

活塞

3

活塞连着曲轴，曲轴运动时带动轮子转动。现在，让我们全速前进吧！

2

水沸腾后产生了蒸汽，蒸汽又推动了汽缸里的活塞。

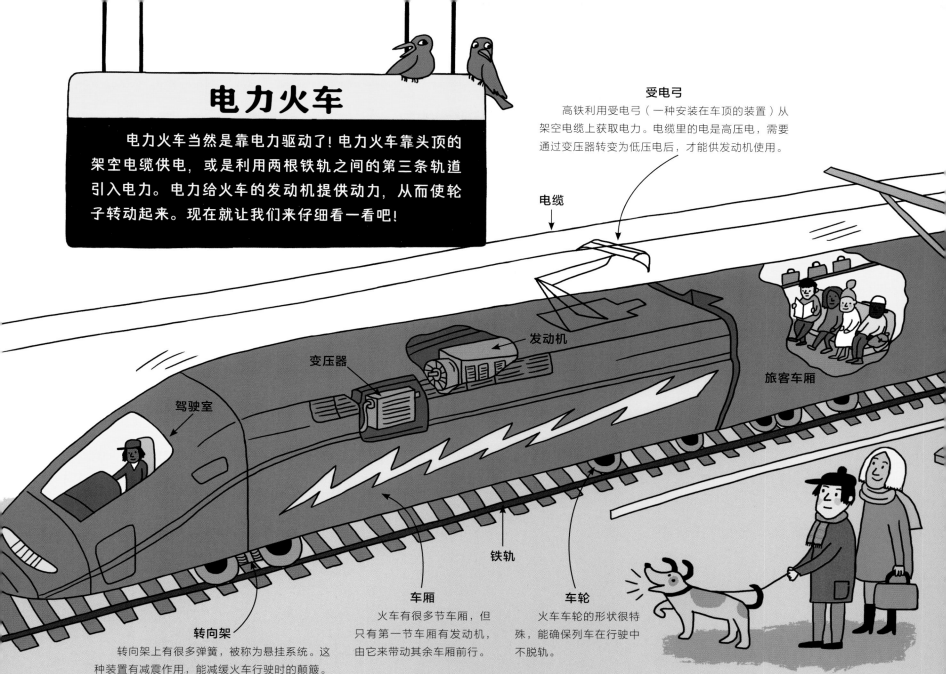

电力火车

电力火车当然是靠电力驱动了！电力火车靠头顶的架空电缆供电，或是利用两根铁轨之间的第三条轨道引入电力。电力给火车的发动机提供动力，从而使轮子转动起来。现在就让我们来仔细看一看吧！

受电弓
高铁利用受电弓（一种安装在车顶的装置）从架空电缆上获取电力。电缆里的电是高压电，需要通过变压器转变为低压电后，才能供发动机使用。

电缆

发动机

变压器

旅客车厢

驾驶室

铁轨

车厢
火车有很多节车厢，但只有第一节车厢有发动机，由它来带动其余车厢前行。

车轮
火车车轮的形状很特殊，能确保列车在行驶中不脱轨。

转向架
转向架上有很多弹簧，被称为悬挂系统。这种装置有减震作用，能减缓火车行驶时的颠簸。

在铁轨上行驶

只要沿着铁轨行驶，火车就能抵达目的地。火车的车轮沿着铁轨运行，铁轨固定在枕木上方（枕木也是火车轨道的组成部分之一）。两条铁轨之间的距离必须跟火车车轮的距离完全一致，这个间距叫作轨距。当列车需要转到另一条铁轨上时，则要用到转辙器。

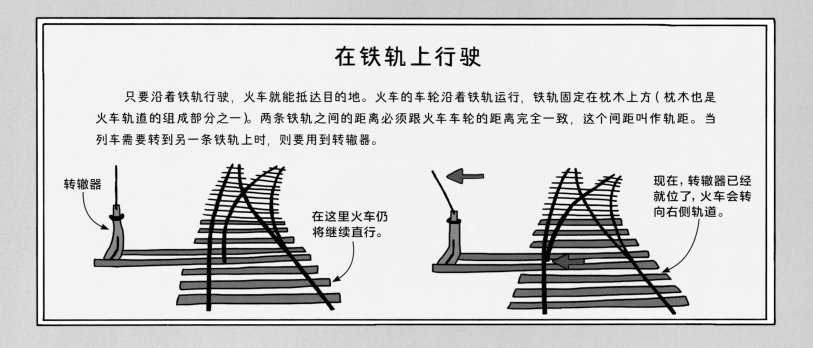

转辙器

在这里火车仍将继续直行。

现在，转辙器已经就位了，火车会转向右侧轨道。

不用燃料就能运转的机械
自行车和独轮手推车

你应该骑过自行车吧，听着风从耳边呼啸而过的声音，仿佛自己变成了一只自由的小鸟。还有那种独轮手推车，你就算没有推过，也应该见过吧。但是你知道它们是怎么运转的吗？与大多数会移动的机械不同，这两种机械不耗费燃料就可以运转。它们需要的只有一样，那就是你！

自行车

你想轻松快速又省钱环保地在附近旅行吗？骑自行车绝对是个不错的选择，它比步行快多了！而且，自行车不需要燃料也能行驶——给它提供能量的正是你的肌肉！接下来，我们就来看看自行车是怎么工作的吧。

1 当你骑自行车时，你用脚踩着脚踏板一圈一圈地前行，脚踏板会转动大盘上被称作前齿轮的轮子。大盘通常有一大一小两组齿轮。齿轮有齿，一般齿轮越大，齿数越多。

2 大盘由链条连接到后齿轮（又称飞轮），后齿轮由多个不同大小的齿轮组成。链条绕着大盘和后齿轮形成一个环形。

3 当前齿轮因为你踩脚踏板而产生转动时，它会拉动链条带动后齿轮转动，后齿轮又会带动后轮转动。后轮一动，前轮也就被推着往前走了。

刹车把

刹车线

制动臂

刹车块

变速杆

后齿轮（飞轮）

前齿轮

大盘

后轮

链条

踏板

前轮

独轮手推车

你有没有想过，为什么推一个放在手推车上的重物，要比你直接提起更省力呢？独轮手推车是由两种简单的机械——一个杠杆和一个轮轴组成的，它可以帮助我们更轻松地提起和移动一些重物。

独轮手推车的轮子是支点（固定点）。而轮轴则可以让货物更轻松地移动。将货物（就是这头满身泥泞的猪！）放在距离手柄远一些、靠近车轮的位置。货物离手柄越远，推车的人就越省力，不过也要注意平衡哦。

一辆重型独轮手推车能承载大约 270 千克的重物。这和一头猪的重量差不多！

手柄

车轮（这也是个支点）

车轴

刹车

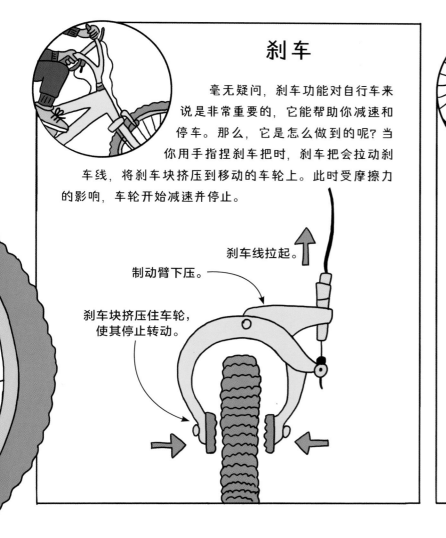

毫无疑问，刹车功能对自行车来说是非常重要的，它能帮助你减速和停车。那么，它是怎么做到的呢？当你用手指捏刹车把时，刹车把会拉动刹车线，将刹车块挤压到移动的车轮上。此时受摩擦力的影响，车轮开始减速并停止。

刹车线拉起。

制动臂下压。

刹车块挤压住车轮，使其停止转动。

齿轮

自行车是靠链条传动的，变速自行车的轮盘上装有不同的齿轮。齿轮有助于控制自行车的速度，并帮助你骑上一些陡坡。如果你想换挡，你可以用车把上的变速杆来选择你想要的挡位，然后链条就会转到相应的齿轮上。

高速挡（绿色链条）使用较小的后齿轮和较大的前齿轮。高速挡会让车轮转动更快，但踩踏板时也会更加费力。

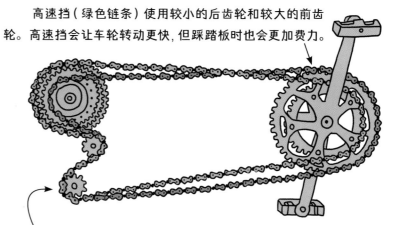

低速挡（粉红色链条）使用较大的后齿轮和较小的前齿轮。选择低速挡时，车轮转动较慢，但踩踏板要相对容易一些。低速挡适合自行车上坡或在一些比较陡的道路上骑行。

你可能会说，订书机和剪刀可算不上什么机械，它们为什么会出现在这本书里呢？其实，它们不光是机械，还是相当"聪明"的机械呢！

订书机

世界上第一个订书机，是18世纪一位工匠为法国国王打造的。如今，订书机已经被广泛用于家庭、学校和办公室中。那么，你知道它们是怎么工作的吗？

1 要想做一个漂亮的纸皇冠，你需要把纸的两端订在一起。首先，你需要把纸的两端交叉叠在一起，然后把重叠部分放在订书机的底座和上臂之间。

2 当你按下订书机时，一块金属板将前钉向下推，然后订书钉的尖端会穿过这两层纸。

3 订书机的底部设计得非常巧妙，它的底座上有一个凹槽。当订书钉的两端进入这个凹槽后，由于此时你仍在往下推，这个推力会使订书钉的针尖向内弯曲，把纸整齐地订在一起。欧耶，纸皇冠大功告成了！

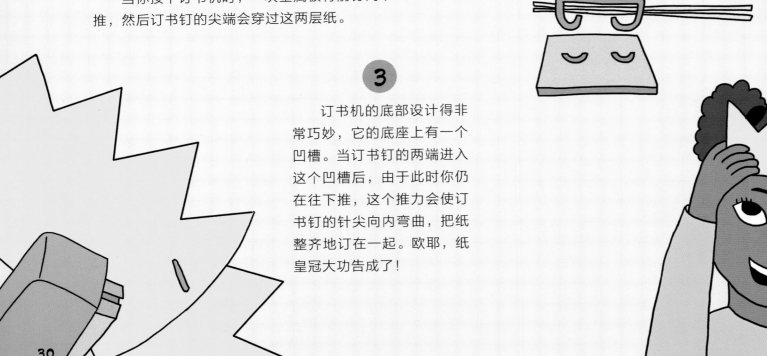

订书机的内部结构

如果把一个订书机拆开，你会看到里面有很多小零件，每一个小零件都有它们各自的功能。

顶盖

压钉板
隐藏在顶盖里面。

推钉器与一根缠绕着弹簧的金属杆相连，它们一起把订书钉推到钉道的前方。

推钉簧

推钉器

上刀片
下压订书钉，迫使它穿过纸张。

这是连接订书机顶盖、压钉板和底座等部分的支点。围绕这个支点，顶盖部分可以上下活动。

订书钉

钉道
可以用来固定订书钉。

底座

下钉槽
这是一个上面有两个凹槽的金属板，当订书钉被下压到这个金属板凹槽上后，针尖会遇到阻力向内弯曲，这样就可以把纸固定在一起了。

剪刀

你有没有想过，为什么剪刀可以把东西剪得整齐又笔直呢？

剪刀其实是由两个小机械组合而成的，其中手柄部分是杠杆，刀刃部分是楔子。

剪刀柄在支点处（平衡点）接合，当你按压手柄时，其实是在按杠杆。这会让另一边刀身的刀刃部分产生强大的剪切力。刀身是一对以十字形交叉在一起的楔子，围绕支点转动。它们交叉得非常紧密，当按压手柄时，刀刃相互剪切，可以轻松地剪下一些薄薄的材料。

施加外力。

手柄

刀刃

支点

产生剪切力。

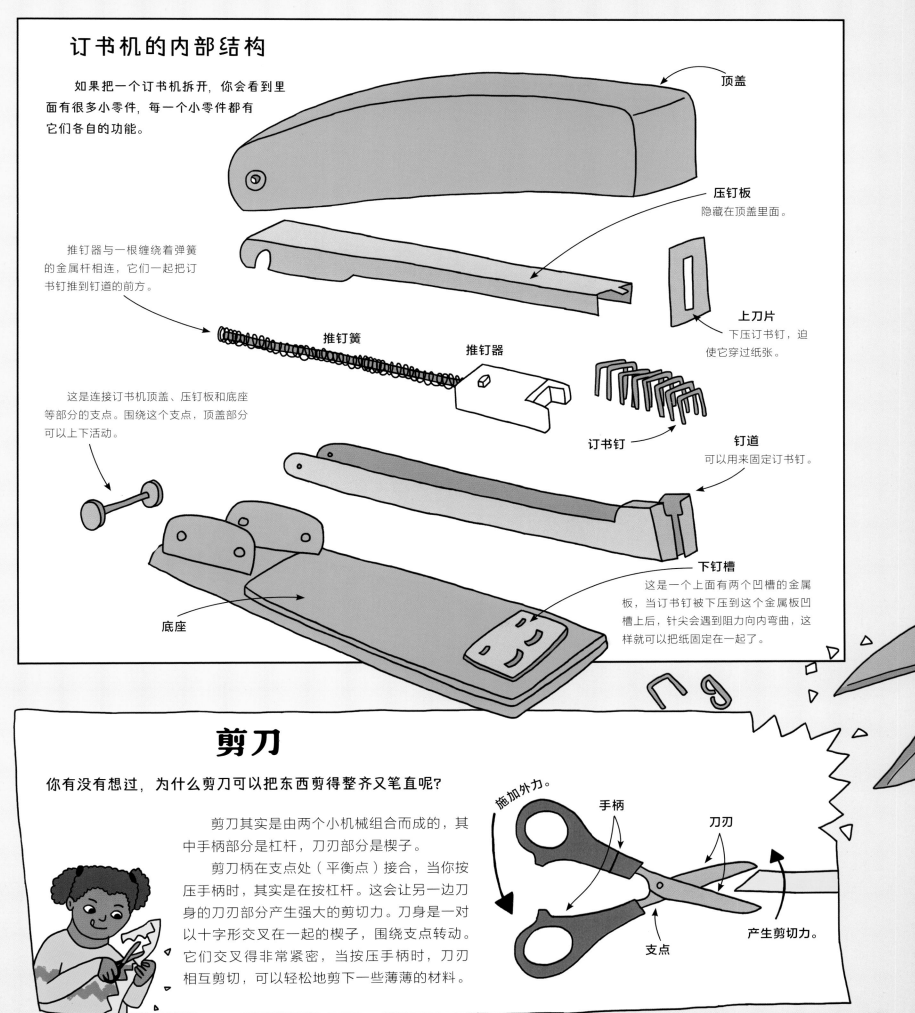

制造机器的机械

每年，机器人都帮助我们生产数百万辆汽车。它们可以一遍又一遍、不知疲倦地做重复的工作。而且，它们从不抱怨！

在汽车工厂里，汽车沿着生产线有序前进，身怀不同绝技的机器人分别执行着不同的任务。

这个机器人的手臂又细又长，还能自动旋转。瞧，它正用喷嘴给汽车喷油漆呢。

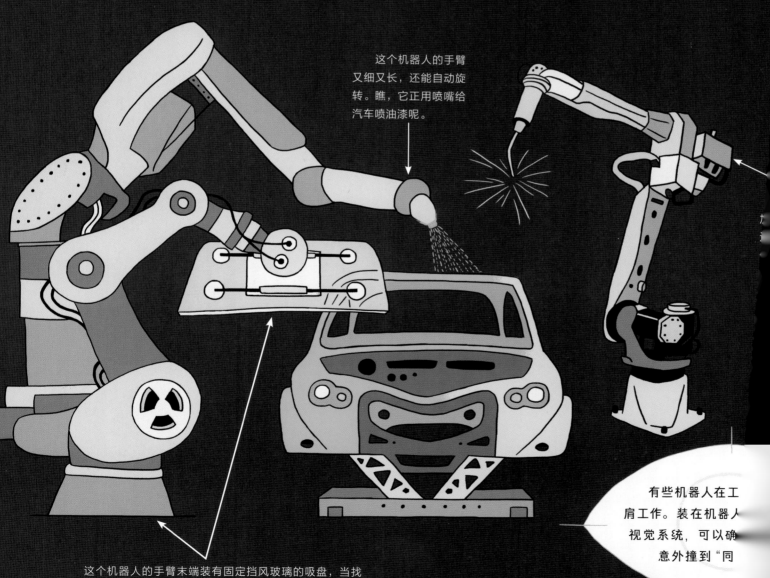

有些机器人在工肩工作。装在机器人视觉系统，可以确意外撞到"同

这个机器人的手臂末端装有固定挡风玻璃的吸盘，当找到正确位置后，它可以准确无误地将玻璃安装在汽车上。

词汇园地

变压器

一种降低或增加电源电压的装置。

车轴

固定在车轮中间的杆。

齿轮

有齿且能连续啮合传递运动和动力的机械零件。

传感器

一种能对光、热或压力产生反应，并使机器做某事或显示某事的装置。

船体

船的主体部分，由一系列的板材和骨架组成，大多沉在水中。

导体

电阻率很小且易于传导电流的物质。

电流

单位时间内通过导体任一横截面的电量。

电路

电流流过电线等相关设备的回路。

电路板

在电子设备中固定、连接各电路的载体。

电压

即电势差，也就是高电势与低电势之间的差值。同水流一样，电流也是从高电势流向低电势。

发电机

将其他形式的能源转换成电能的机械设备。

发动机

一种能够把其他形式的能转化为机械能的机器。

辐射

能量以波或粒子的形式从一个地方转移到另一个地方。像热、光、声音和 X 射线都属于辐射。

杠杆

能绕支点转动的硬棒或板子，是一种简单机械。可以将物体的一端放在底下，然后将另一端向上拉或往下推，从而更省力地提起某物。

轨道

天体绕行星或恒星运行时所遵循的曲线路径。

滑轮

一个周边有槽，能够绕轴转动的轮子，可以更容易地提升重物。

活塞

发动机的一部分，是一个上下或前后移动的圆筒状的塞子，并通过这种移动使发动机的其他部分移动。

机械能

机器利用机械能做功。比如，当你骑上自行车抬脚时，潜在的（储存的）能量蓄势待发；而当你把脚踩在踏板上时，重力势能就转变为动能。随着轮子转动，自行车往前移动。

激光

一种由激光器材在电极力作用下发出的光束，可以切割金属，应用广泛。

力

物体对物体的作用，从而使物体移动、改变方向或改变形状。比如，当你踢球时，脚的力会使球向上飞起；起风时，风的力能让风力涡轮机的叶片不停旋转。

粒子

能够以自由状态存在的最小物质组成部分，如光子、电子或质子，质子是原子的一部分。

摩擦力

一个物体和另一个物体紧密接触，来回移动时所产生的阻碍运动的作用力。

配重

在起重机上，用来平衡另一侧重量的重物，常用的有水泥块和铁块。

汽缸

引导活塞在缸内进行直线往复运动的圆筒形金属机件。

人造卫星

被送入太空绕地球或其他行星运行的无人航天器，通过无线电波进行通信。

扫描器

一种利用光，比如 X 射线，记录、检查某物，或观察人体内部的装置。

数码

使用不连续的 0 和 1 来接收和发送信息的系统，这是计算机的基础运行逻辑。

天线

用来接收和发射广播、电视等无线电波的设备。

微芯片

采用微电子技术制成的集成电路芯片，上面有很多细小的电子元件。

无线电波

用于远距离传播的电磁波。

楔子

一种简单机械。上粗下细，可用来把物体一分为二。

压力

一个物体压在另一个物体上的力或重量。

压缩机

压缩空气或其他气体的一种设备。

原子

原子是化学反应不可再分的最小微粒。元素是具有相同核电荷数的同一类原子的总称，比如碳元素。

振动

物体的全部或部分沿直线或曲线往返颤动，有一定的时间规律和周期。

支点

使杠杆转动或起支撑作用的点。例如，车轮是支撑独轮手推车载重的支点。

轴

工具或一些机器长而窄的部分。

结束语

现在，你已经读完这本书，即将走向本次机械探秘之旅的终点。

从抽水马桶、自行车，到潜艇、机器人，人类自诞生以来，发明了各种各样的机械。机械是我们的好帮手，它让我们的生活更便捷，也让我们实现了上天入地下海洋的美好愿望。

环顾四周，你还能发现哪些有趣又实用的机械呢？试着揭开它们运转的秘密吧！